여 행 은

언 제 나
옳   다 .

여 행 은

언 제 나
옳   다

알비

작
가
소
개

이윤아 ;
낯선 곳에서 새로움과 특별함을 주고, 다시 일상으로 돌아왔을
때 일상에게 낯섦을 주는, 여행의 매력에 빠진 여행중독자. 어느
곳에서든 매 순간 살아있음을 느끼고, 새로운 것들을 발견하고
싶은 사람.
E-mail : brilliant_ya@naver.com
Twitter : twitter.com/brilliant_ya

김대영 ;
매일매일 여행을 다니면서, 음악에 취해 춤을 추고 노래도 부르
고, 그림을 그리고 사진을 찍고 찍히고, 말도 안 되는 상상들을
이야기하며 깔깔거리다가 별빛 가득한 하늘 아래 사랑을 하고 위
로를 받고, 울다가 웃다가, 맛난 음식과 술에 취하고, 그런 나를
한심한 듯 쳐다보는 귀여운 눈동자의 고양이와 눈이 마주치고⋯.
아! 정말 좋다.

심주영 ;
반복되는 일상에서 벗어나기 위해, 나 자신을 더 알기 위해, 넓은 세상을 꿈꾸기 위해 떠나기로 했다. 낯선 환경 속에 모험가가 되어 소소한 감사를 할 줄 알고, 새로운 만남 속에서 깨달음을 얻고, 여유를 누릴 줄 아는 내가 되었다. 나에겐 늘 여행은 옳았다. 지은 책으로 〈유럽의 조각들〉이 있다.
Instagram : o_juy0ung
Facebook : juyoung.sim.12

서지원 ;
'너는 언제쯤 집에 붙어있을래?' 방학만 시작되면 여행이라는 늪에 빠진 나를, 엄마는 신기하듯 쳐다보며 말한다. 그만큼 여행은 날 바쁘게 하고, 집에서 쉬는 날에는 빈털터리로 만든다. 하지만 여행이 나에게 없다는 것은 생각도 하지 않았고, 이것이 있어야 내 삶의 물레방아가 원활하게 돌아간다는 것을 안다. 난 여행을 절대 포기할 수 없고 지금도 계속 진행 중이다. 아마도 평생 동안…. 여행이란 항상 나에게 설렘을 주는 단어다. 아마 모든 사람에게 이 단어는 처음 누군가를 사랑할 때처럼 짜릿하게 다가올 것이다. 친구와 여행을 동반한다면 피카추의 백만 볼트보다 더 짜릿하고 환상적일 것이라 생각한다.

요즘은 친구와의 여행을 계획하는 게 쉽지가 않다. 세상이 복잡해져서 그런가? 다들 취업이라는 높은 장벽을 오르는 데에 집중하여 여행할 시간이 없다. 하지만 시간이란 충분히 만들 수 있는 것. 흘러가는 시간 중 어떤 부분을 좋은 친구들과 함께한다면 더할 나위 없이 좋은 기억이 될 것이다. 그리고 어쩌면 평생 그 기억을 안고 힘들고 복잡한 세상을 견뎌 나갈 것이다. 지금 당장 핸드폰 전원을 켜고 친구에게 연락하자. 그리고 주저하지 말고 예약 버튼을 누르자. 지금 바로 떠나자.

Instagram : wldnjs_21

이은영 ;
복잡한 현실에서 벗어나 나만의 시간과 추억을 만들기에 여행만한 것이 또 있을까! 휴대폰의 에어플레인 모드만 봐도 설렌다. 비행기 모양의 작은 아이콘이 나에게 여행을 선물 하는 것 같다. 공항을, 비행기를, 낯선 곳을 좋아하는 이유가 무엇일까? 20년째 같은 직장을 다니며 워킹맘으로 살아가는 지금, 나와 가족을 더욱 돌아볼 수 있게 되었다. 20~30대의 여행을 통해서 낯선 곳의 매력에 푹 빠진 나는 여행코드가 맞는 남편을 느지막이 만나 결혼하고 늦둥이에 버금가는 첫 딸에게 부지런히 여행 유전자를 심는 중이다. 우리 가족은 지구 한 바퀴 도는 것을 목표로 구체적 계획 중이다.

박빈우 ,
학교, 군대, 직장생활. 27년간 나의 삶은 집과 학교, 회사만 다닌 것이 전부였다가 아내와 사귀면서 여행을 하기 시작했다. 늦게 배운 도둑질이 날 새는 줄 모른다고 했던가? 참 많이 다니긴 했으나 해외여행 자유화가 되기 이전이라 국내 유명한 여행지가 고작이었다. 결혼 후에는 약 10년간 회사업무로 유럽, 미주, 아시아의 많은 곳을 다녔다. 아내와 꼭 다시 오기로 마음먹었는데 다행히 기회가 일찍 와서 아내와 같이 여행을 시작했다. 세월이 좀 흘

러 되돌아보니, 마치 '나, 몇 개 나라 몇 개 도시 가 보았다'고 자
랑질 거리로 수박 겉핥기식 여행이었음을 알게 되었다.
몇 년 전부터는 새로운 여행지나, 다녀왔던 곳이라도 단둘이서
느긋하게 시간을 갖고 여행을 음미하게 된다. 그러면서 욕심이
생겨 여행 다니면서 아내와 겪은 추억과 재미를 글로 써서 지인
또는 나와 같은 생각을 하는 분들과 공유를 하고 싶어졌다.

정수현 ;

"멀리 뛰려면 잠시 뒤로 가야 한다." 일상에서 벗어나 여행을 하
며 내 삶을 지켜보면, 어디를 딛고 올라설지 보인다. 같은 길을
달리다가 지치거나 넘어져도 무섭지 않다. 여행하면 되니까. 여
행은 내가 더 큰 도약을 할 수 있을 것 같은 용기를 준다. 나는 용
기를 얻기 위해 여행을 한다.
Instagram : winnerleo97

강문규 ;

여행을 좋아해 일상이 되고, 일상이 여행이 된 '여행 생활자'다. 열다섯, 소년기를 보낼 무렵 첫 유럽여행을 시작했는데, 길을 잃고 헤맨 끝에 만난 알프스의 감동적인 새벽 풍경을 잊지 못해 청년이 되어서도 하루가 멀다 하게 배낭 하나 둘러메고 집 떠나 살았다. 얼마 전 두루마기와 갓을 쓴 조선 선비 복장으로 세계 곳곳을 누비며 남극까지 약 1년간의 세계 일주를 마쳤다. 세계 일주는 눈과 귀로 보고 들어서 좋았고, 알고 깨닫게 되어 행복했으며, 직접 경험하게 되어 감동했던 날이라고 여기며 살고 있다. 55개국 200여 개 도시를 여행한 진정한 여행가로 현재는 여행과 모험 사이, '트라벤처 TRAVENTURE'라는 자신만의 여행 브랜드를 만들어 가고 있다. 지은 책으로 〈조선 선비 세계를 가다〉가 있다.

blog.naver.com/kmghm
www.traventure.co.kr
Instagram : go_traventure, ggangmoon

차
례

\#
bora

열정 더하기 차가움

여행

낮선 곳에서 익숙한 것을 떠나보낸다.
익숙한 곳으로 돌아와 낯선 것을 떠나보낸다.

그렇게 일상을
그렇게 여행을
그렇게 시간을
그렇게 추억을

떠나보내고
맞이하고
또 떠나보내며

여행을 한다.
삶은 진행한다.

Выходы
Gates
20—23
Туалеты

알러뷰 하우스

기나긴 비행 끝에 도착한 런던 히스로 공항, 무거운 캐리어를 들고 낑낑거리며 언더그라운드에 올랐다. 시간도 늦었고 사람도 별로 없어서 좀 으스스했지만, 그래도 괜히 안심되었던 건, 한국인으로 추정되는 남자가 옆 칸 맞은편 자리에 앉아 졸면서 가고 있었기 때문이다.

나의 목적지는 핌리코 역으로 도착하기 한 정거장 전 내리려고 준비하는데, 맞은편 남자도 내리려는 것이 아닌가. 캐리어에 달려있는 스티커지에 영문 이름을 보니, 한국인이 맞았다. 한국인이라는 동질감과 반가운 마음에, 근방에 있는 수소이거나 같은 숙소일 것 같은 느낌에, 전후 설명 없이 대뜸 용기를 내었다.

"저기 한국 사람이죠? 혹시 알러뷰 하우스 가세요?"
"네."
"아, 저도 그 숙소가요."

"그렇구나, 반가워요"

한국인이라는 이유와 같은 숙소를 간다는 이유로, 어둑하고 낯선 런던의 거리를 오랜만에 만난 친구와 이야기 하듯 걸었다. 며칠 여행하는지, 몇 살인지, 런던에 어떻게 오게 되었는지, 이런저런 이야기를 하며 심심치 않은 말동무가 되어, 안전하게 알러뷰 하우스에 도착했다.

여행의 묘미 중 하나가 아닐까? 여행하는 장소 안에서 짧게나마 친구가 되는 것!

가끔, 여행지에서 만난 인연들이 그리울 때가 있다. 일상에 치여 갑갑할 때, 기존 인연들에 버거울 때, 문득 떠올라 추억과 낭만 에너지를 주는, 짧지만 그랬기에 소중한 인연들.

빨간 이층 버스

런던에는 특색 있는 교통수단, 빨간 이층 버스가 있다.
어릴 적, 미니 자동차 장난감 세트에 있을 법한 빨간 이층버스.

"이층 버스를 진짜로 타다니! 꺅!"

이층버스에 올라 잽싸게 버스요금을 내고 단번에 2층으로 올랐다.
2층버스에서 바라본 런던 거리 앞에서,
아빠의 어깨 목말을 탄 어린아이가 된다.

런던의 이층버스는
어린 시절로 돌려놓는 마법을 부린다.

모든 게 신기하고 신나서,
작은 것 하나에도 까르르 웃음 짓는 호기심 많은 아이로.

Street

야수의 빨간 장미

일본에 가면 어김없이 디즈니스토어에 들린다. 여러 아기자기한 굿즈들 사이에서 눈에 띄었던 것은 디즈니 스토어 중간에 자리 잡고 있던, 미녀와 야수의 트레이드마크인 '빨간 장미'다.
예쁜 유리관 속 신비스럽게 담겨 있는 빨간 장미를 살펴보다, 내 마음에 장미꽃처럼 툭 떨어진 생각 하나는 '여행 기간의 유효함'이었다.

야수의 조건적 시한부 생명의 유효함을 알려주는 오브제 장미, 그 장미가 남은 여행 기간과 오버랩 되어, 뭔지 모를 아쉬움으로 다가왔다.

하지만 아쉬운 감정에 젖어들지 않기 위해, 이 순간을 더 소중히 해야겠다고 마음먹고, 여행의 순간을 부지런히 내 눈과 마음에 담아내었다.

디즈니 스토어를 나온 후, 디즈니 효과였는지, 빨간 장미의 여파였는지, 일본 시부야 거리가 더욱 애틋하게 느껴졌다.

그리고 문득 생각이 들었다. 순간을 애틋하고 소중하게 느낄 수 있는 것
은 오히려 그 '유효함' 때문은 아닐까 하고.

OIOI
GOT7
MY SWAGGER
2017.5.24
GOT7
New Single
MY SWAGGER
2017.5.24
coloree
ANKH CROSS
神南一丁目
Jinnan 1-chome
自然派インド料理

밀라노행 야간열차

파리에서 밀라노로 가는 열차를 타기 위해 리옹역으로 향했다. 비행기를 타고 밀라노로 가는 방법도 있었지만, 우리나라에서는 운영되고 있지 않은 종류의 열차 텔로를 선택했다. 텔로 내부는 영화 해리포터에 나오는 열차 칸처럼 되어있지만, 등받이를 내려 침대로 활용하는 침대열차다.

열차 텔로에 입성해 이리저리 열차 내부를 구경한 후, 자리를 잡고, 밀라노에 대한 정보가 담겨있는 책을 보고 있는데, 50대 정도로 보이는 중국인 부부가 쿠셋에 들어왔다. 간단한 인사를 나눈 후, 계속해서 책을 보는 나에게 중국인 부부가 말을 걸었다.

"Are you going to milan?"
"Yes, are you going to milan too?"

중국인 부부는 중국어보다 영어를 주로 쓰고, 전체적인 행동이나 분위기가 매너 있고 중후한 느낌을 받았는데, 알고 보니 캐나다에서 거주하는 중국 교포이자, 대학교에서 영어를 가르치는 선생님이었다.
밀라노에 대한 이야기뿐만 아니라, 내가 아는 중국에 대해 그들이 아는 한국에 관해 이야기를 나누며 훈훈하게 대화를 나눴다.

몇 정거장이 지난 후, 20대 후반 정도로 보이는 이탈리아 남자가 쿠셋에 들어왔다. 그 남자는 껄렁껄렁한 느낌에, 술 취해 들뜬 사람같이 보였고 조금은 부담스럽기까지 했다. 그래도 중국인 부부가 선생님이라는 직업에서 나오는 자연스러운 태도로 통제를 잘 해줘서 속으로 내심 고마웠다. 그 남자 역시 도착지는 밀라노. 다양한 국적을 가진 그들과 이런저런 대화들을 나누다 보니, 창밖은 어느새 어둑어둑해져 있었다.

궁금하고 기대하던 열차의 침대, 그러나 기대감은 금세 가라앉고 말았다. 침대칸이 생각보다 좁고 불편했기 때문이었다. 현실과 이상의 차이를 느끼며, 집 생각이 나기도 했고, 조금은 불안한 마음과 외로운 마음으로 그렇게 잠이 들었다.

"Hello, Good morning~"
열차승무원이 저녁에 가져갔던 여권을 돌려주며 아침 인사를 했다. 졸린 눈을 비비며 게슴츠레 눈을 떠 시계를 보니 새벽 6시쯤이었다. 쿠셋을 나와 화장실에 가서 세수했다. 열차 복도를 걸어가는데, 창을 통해 들어온 새벽 햇살이 내 눈을 찔렀다. 눈을 찡그리는 찰나, 햇살은 재빨리 주

변 풍경들에 스며들어 나에게 다시 다가왔다. 그제야 나는 창밖 풍경들을 차근히 바라보았다.

창밖 지나치는 나무들의 행렬과 새들, 점점 온기를 더하고 있는 햇빛….
낯선 나라의 열차 속에서 아침을 맞으며 새벽 풍경을 바라보고 있는 그 순간이 뭐라 형용할 수 없이 오묘하게 느껴졌다.
쿠셋으로 돌아오니, 다들 내릴 준비로 분주했다. 드디어 목적지인 밀라노역에 도착, 조금은 아쉬움을 갖고 서로에게 행운을 빌어주며 인사를 나누고 헤어졌다.

도착한 밀라노 역에서 새로운 지도를 펼쳐 들었다. '어느 곳을 먼저 가볼까?' 또 어떤 일들이 기다리고 있을지 새로이 설렜고, 집을 떠나온 불안함과 외로움은, 밀라노의 따뜻한 햇볕이 포근히 안아주었다.

새벽 열차

창밖 어둠 속
스쳐 가는 불빛에
지난 감정들이 흐른다

옅게 비치는 달빛 아래
고요히 지난 감정들을 은은히 바라본다

터널을 지나면서

뿌듯하면서도
조금은 아련한 감정을
새로 낳았다.

2 MANCINI
9242

새벽 열차2

늦은 시간까지 시끌벅적한 사람들 때문에 쿠셋에서 잠시 빠져나와 다른 칸으로 걸음을 옮겼다. 자전거와 여러 이동수단을 두는 공간 같았는데, 물건들이 별로 없어 공간이 넓고 조용해 그 칸 창가에 자리를 잡았다.

어둑한 새벽하늘 연한 달빛 아래 쉬이 지나치는 가로등 불빛을 바라보는데, 지난 여행의 기억들 또한 고요 속에서 불빛처럼 흘렀다.
영국 내셔널 갤러리에 같이 갔던 숙소에서 알게 된 동생, 웨스트앤드 뮤지컬 미스사이공에서 본 한국 배우, 파리 루브르 박물관에서 만났던 작품에 대해 알려주던 프랑스 할아버지, 바또무슈를 타고 바라본 파리의 모습과 센강, 로마에서 만나 같이 바티칸투어를 했던 사람들, 피렌체 두오모 앞에서 만났던 흑인 팔찌 아저씨, 비 오던 베니스 거리와 운치 있던 피자가게, 인터라켄의 눈 덮인 산과, 타블론 초콜릿, 바젤 동물원에서의 핫도그 등.

때론 즐겁기도, 지치기도, 당황하기도, 낯설기도 했던 유럽에서의 기억
들과 여러 다양한 감정들이 일상으로 돌아갔을 때 새로운 숨을 불어넣어
줄 거라고 생각하니 뿌듯했다.

고요한 새벽 열차에서, 지난 추억과 감정들을 바라보고 저장하며, 일상
에서 힘차게 살아갈 연습을 한다.

#
sky blue

하늘하늘
하늘

보는 것과 느끼는 것

연남동엔 철길을 정비해 만든 꽤 큰 공원이 있다.
해 질 무렵 저녁의 공원 잔디밭에는 옹기종기 모여 맥주를 마시는 젊은
이들, 반려동물과 함께 산책을 즐기는 주민들, 엄마 손을 꼭 쥔 아이들,
커플티를 입은 연인의 모습을 쉽게 볼 수 있다.
이른 아침의 공원길은 전혀 다르다. 사람이 많이 지나지 않는 대신에 높
은 하늘과 눈 부신 햇살이 공원길을 비추고, 여기저기 지저귀는 새들의
소리가 공원에 울려 퍼진다. 흐르는 물가엔 가을바람에 떨어진 낙엽 주
위로 소금쟁이가 있다.

하루에도 수많은 장면과 상황을 보고 또 접한다. 마주하는 풍경들 속에
신비한 목소리가 들어있기도 한다. 여행을 다니다 보면 어디선가 나를
불러 세우는 느낌을 자주 받는다. 그럴 때마다 걸음을 멈추고 두리번두
리번 주변을 살피게 된다. 아무도 없는 길을 혼자 걷는데도 나를 불러 세
우는 많은 기척이 느껴진다.

배낭 멘 어깨를 타고 앞질러가는 뭉게구름의 소리 없는 그림자, 구름 한 점 없는 가을 하늘을 올려다보게 만드는 서늘한 바람과 스침, 후드득후드득 바빠진 발걸음 뒤로 들풀을 적시며 들리는 빗소리, 바스락바스락 발그레한 붉은 낙엽들의 수줍은 목소리 등.

도시의 일상 속에서도 많은 것들을 볼 수 있지만, 더 많은 새로운 것을 보기 위해 어디론가 떠나기도 한다. 많은 것을 보는 것이 여행이지만, 사실은 많은 것을 느끼고 싶다. 나도 모르는 사이에 알 수 없는 목소리와 느낌을 따라 늘 떠날 준비를 하고 싶다.

네 시의 새벽

새벽 4시, 후드득후드득 빗소리에 잠이 깼다. 예보에도 없던 비. 침대 바로 옆 커튼을 살짝 젖히고 창문을 열었다. 창밖 골목길 가로등 아래로 보이는 빗줄기들이 아까의 소리와는 달리 부슬부슬 내리고 있다. 잠을 잘 때 그리 예민한 편이 아닌데도 유독 빗소리에는 금세 잠을 깬다.

비가 오는 장마철에 여행을 떠날 때가 많다. 모두가 여행을 미루게 되는 흐리고 비 오는 날, 난 마음이 들떠 여행을 계획하게 된다. 접이 우산을 여행 배낭 옆구리에 꽂고 길을 나서는 순간도 좋고, 슬리퍼를 신고 비 젖은 길을 질펀질펀 걷는 것도 좋다. 하늘을 올려다보고 얼굴로 비를 맞아내는 것도, 잿빛 하늘 아래 반짝이는 빗방울의 투명함을 바라보는 것도 좋다. 사실 그냥 비 내리는 순간의 모든 것을 다 좋아한다.

어릴 적 비 오던 날, 하굣길에 우산도 없이 내리는 비를 속옷까지 젖을 정도로 맞으면서 집으로 돌아온 기억이 있다. 젖은 옷을 벗어 던지자마

자 벌거벗은 몸으로 아랫목 이불 속에 몸을 맡겼었다. 어린 나이였는데도 '아...행복하다'라고 중얼거렸던 기억이 생생하다.

비 오는 날은 늘 외출을 준비하게 되고, 웬만한 비는 그냥 맞으면서 다니게 된다. 혹 어릴 적 행복했던 순간을 다시 만날 수 있을까 하는 생각 때문일지도 모르겠다.

네 시의 새벽, 창밖으로 나를 설레게 하는 비가 부슬부슬 예쁘게 내린다.

나는 잘 있는데 넌 어때

"넌 보였어? 난 아무리 거길 지나다녀도 보이지 않던데?"
"그래? 난 지날 때마다 자주 보는데"
얼마 전, 길고양이 사진을 보며 친구와 나눈 이야기다. 찍어온 사진 속 장소들을 훤히 알고 있던 친구는 자신은 아무리 그곳을 지나다녀도 고양이들을 보지 못했다며 의아해했다.

골목길에서 고양이를 발견하기도 쉽지 않지만, 일단 발견을 하면 녀석들과의 거리 유지가 굉장히 중요하다. 그 범위를 침범하는 순간 사라져버리기 때문이다. 손을 뻗어도 닿지 않는, 인간으로부터 안전하다고 느끼는 딱 그만큼의 거리여야만 멈춰선 고양이들의 눈을 마주할 수 있다.
아무래도 친구보다는 길고양이에 대한 관심이 많은 내 눈에 잘 띄는 게 한편으로는 당연하다는 생각이 들었다.

어쩌면 '넌 내가 보여?'라며 길고양이들이 내게 말을 걸어왔던 건 아닐

까? '나는 잘 있는데 넌 어때?', '날 잊은 건 아니지?'라며. 잘 보이진 않지만 언제나 내 주위를 맴돌고 있는 것들이 나를 이따금 불러 세우는 건 아닐까?
계절이 바뀔 때마다 비슷한 느낌을 받는다. 보이거나 들리지 않지만 느껴지는 질문들.

가을로 향하는 뒤늦은 여름 햇살의 그늘 속에는 시원한 바람이 숨어있고, 매서운 겨울바람의 지붕 아래 두 손 비비며 호~하고 내뱉는 입김 속에는 다가올 봄의 아지랑이가 숨어있다. 골목외 구서진 그늘 속에서 보이지 않는 무언가가 내게 미소를 보내고 있다.

엽서를 썼다

해외로 여행을 떠나는 친구들에겐 늘 여행지의 엽서를 보내달라고 부탁을 한다. 특별한 내용이 아니어도 좋으니 여행지의 소인이 찍힌 엽서를 꼭 보내달라고.

얼마 전 네팔로 트레킹을 떠난 동생들로부터 엽서가 도착했다. '눈 앞에 펼쳐진 풍경이 현실 같지 않아' 부러움을 자아내는 짧은 메시지와 함께 소인 찍힌 공작새 우표와 설산의 무스탕 사진의 엽서가 내 손에 도착했다.

몇 년 전 여행지에서 우연히 만나 알게 된 친구에게 엽서를 썼다. 대상이 없이 끄적대는 혼잣말들은 아무래도 상관없겠지만, 누군가에게 보내질 편지나 엽서에 쓰게 되는 문구들은 늘 상대를 떠올리게 만든다. 안부를 묻는다거나 무엇을 하며 지낸다거나 그리고 나에게 최근에 일어난 기분 좋은 일들에 대해 자랑 혹은 고민을 말하게 된다.

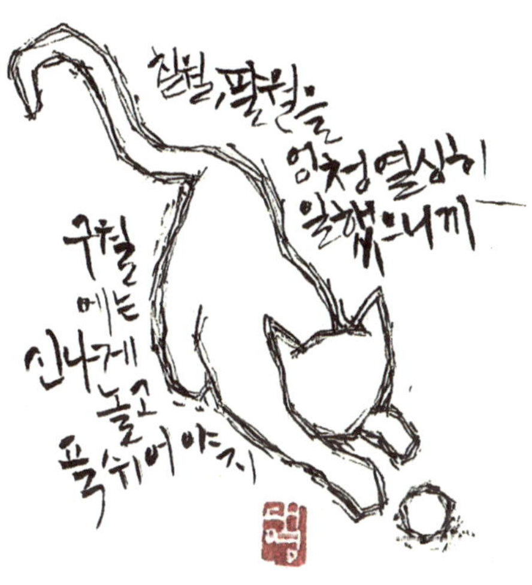
칠월, 팔월을
엄청열심히
일했으니까
구월
에는
신나게
놀고
푹 쉬어야지

이메일이나 컴퓨터를 이용해 글을 쓰는 것과는 다르게, 펜을 들어 종이
에 글을 쓰게 되면 상대와 소통하는 것뿐만 아니라, 평소 드러내지 않았
던 나의 속마음과도 이야기를 나누게 된다. 자주 쓰지 않던 단어나 글귀,
생각이 툭툭 튀어나온다.

일상을 벗어난 곳에서의 여유나 평안함이, 아마도 현실에서 벗어난 또
다른 나의 모습을 깨운 듯하다. 몇 줄 안 되는 짧은 문장들도 햇살 가득
한 여행지에서 조금씩 써 내려 가다 보니 왠지 글자들도 반짝반짝 빛을
내는 것 같아 기분이 좋다.

도시의 하늘

요즘 즐기는 취미 중 하나가 타임랩스로 구름을 촬영하는 것이다. 일하는 공간이 탁 트인 건물의 5층이라 하늘을 올려다보기에 최적의 장소다. 핸드폰 카메라의 타임랩스기능을 이용해서 20분 정도 촬영을 하면, 멋진 20초 분량으로 움직이는 구름 동영상이 만들어진다.

시골 여행지에서나 볼 수 있다고 생각했던 멋진 구름의 하늘을 이곳 서울 하늘에서 보게 되었다. 생각해보면 사실 어느 곳의 하늘이 아니라 그냥 하늘인 건데. 팍팍한 도시에서 보는 하늘은 멋없을 거라는 편견으로 이곳의 하늘을 마주했었나 보다.

도시를 떠나야 진짜 자연을 만날 수 있다는 생각을 난 언제부터 했던 걸까. 숲길이건 도시이건 살아 숨 쉬는 자연은 어디서든 서로 다르지 않은데 말이다. 스스로가 자연 일부라는 걸 잊고 산다. 땅과 나무와 풀들도 언제나 그 자리에서 숨 쉬고 있고, 빌딩과 숲 사이를 헤치고 다니는 바람도, 날갯짓하는 구름도, 지저귀는 새들도, 나뭇잎을 갉아 먹는 벌레도, 늘 숨 쉬며 내 주위를 맴돌고 있었는데도 말이다.

하늘에서 쉼 없이 흘러가는 구름 동영상을 찍으면서 '여행을 떠난다는 것은 어쩌면 내가 자연 일부로 숨 쉬고 살아가고 있다는 것을 확인하는 과정이 아닐까? 도시에서건 시골에서건 내가 서 있는 이곳이 늘 여행의 여정 중 일부일까?' 하는 생각을 해보았다. 하늘을 올려다보는 것만으로도 나를 확인하는 또 다른 여행의 한 모습이기를 기대해본다.

\#

blue

불러 불러보고

불러

함께여서 다행이야

다섯 명의 친구들과 함께 남아프리카의 나미비아 사막에 갔다. 사막엔 사륜차를 타고 흔들흔들 쿵쾅쿵쾅 소리를 내며 간다. 가는 길에는 사막 여우도 지나다니고, 라이언 킹에 품바도, 원숭이 가족, 오릭스, 이름 모를 동물 친구도 만난다.

신기하게도 사람들에게 다가오지 않고 각자 갈 길을 간다. 아프리카라는 걸 새삼 다시 깨닫게 된다. 지루할 틈 없이 흔들흔들한 차 안에서 밖을 보다 보니 금세 붉은 모래의 주인공 나미비아 사막에 도착했다.

다른 사막의 경우 낙타가 있는 곳들이 있지만 나미비아 사막은 직접 걸어 올라간다. 올라가다 보니 정말 나의 한계를 테스트하는 것처럼 사막이 얄밉다가도 뒤를 돌아보면 멋진 풍경에 다시 힘을 내어 올라간다. 사막은 눈에 보이는 것과 다르다. 색깔이 다 같아서 그런 건지 잘 모르겠지만 곧 정상일 거처럼 보이다가도 다 올라가 보면 정상이 아니다. 모래 속으로 발은 푹푹 들어가 힘이 다 빠지고, 뒷사람이 계속 줄지어 오기 때문에 쉬지도 못하고, 괜히 부담돼 포기하고 내려가고 싶은 마음도 가득했

다. 그때마다 함께 간 친구들이 격려를 시작했고, 서로 손을 잡아주기도
하고 뒤에서 밀어주기도 하며 올라갔다.

"함께라서 할 수 있어. 조금만 더 가자."
"조금만 조금만 더..."

너무 힘들었기에 내려가던 사람들도 힘내라고, 할 수 있다고 격려를 해
줬지만 나에겐 아무 의미가 없었다. 그 와중에 내 맘을 모르는 정상은 왔
다 갔다 나랑 숨바꼭질한다. 오기가 생겨 결국 끝까지 올라갔다.
위에서 아래로 내려다보니 끝까지 올라왔다는 뿌듯함과 올라오고 있는
사람들에겐 조금만 더 힘내라고 응원을 한다. 나도 인상 쓰면서 올라와
놓고 이제와서 다른 이들에게 거의 다 왔으니 힘내라고, 조금만 더 올라
가면 정상이라고 웃으며 응원하는 내 자신이 웃기다. 정상에 앉아 풍경
을 본다. 다들 아무 말 없이 하늘을 바라보다 조금씩 대화하기 시작했다.

"함께여서 다행이야."
"진짜로 함께여서 다행이야."

낙타야 고마워

두 번째 사막여행을 갔던 모로코 사막은 한결 편했다. 줄지어 있는 낙타를 타고 들어가기 때문에 어렵지 않았다. 낙타는 TV로 보는 것보다 크게 느껴졌고, 올라타니 훨씬 높게 느껴져 온몸이 긴장됐다. 다행히 금세 적응되어 내 몸을 낙타에게 맡겨 리듬을 탄다. 영화에 나오는 주인공이 된 것처럼 몸을 낙타에 맞춰 움직였다.
낙타를 타고 가던 중 괜히 낙타의 처지를 생각하게 된다. 무거운 나를 태우고 발이 푹푹 빠지며 사막을 걷는 낙타에게 미안한 마음이 들었다. 나도 사막을 걸을 때 죽을 만큼 힘들었기 때문에 더 그랬던 거 같다.

사막을 안 걸어 본 사람은 모른다. 보통 걷는 거에 3~5배 정도는 더 힘이 든다. 낙타야 미안, 한참을 가다 보면 끙끙 앓는 낙타들도 발견한다. 조금만 더 힘을 내줘. 내 추억 만들자고 고생하는 낙타에게 미안한 마음을 갖고 쓰다듬어 줬다. 마지막에 사진도 한 장 남겼다. 한국 사람은 나 뿐이기에 모로코 친구에게 사진을 부탁했는데 시간이 지나고 확인해보니 낙

타 얼굴이 잘렸다. 정말 다시 봐도 웃음만 나오는 사진 한 장. 그래도 난
기억해.

'낙타야 고마워'
낙타에게 고마워할 수 있어서 다행이다.

사막 캠핑

많은 사람들이 물어본다.
"사막 캠핑하는 곳엔 마켓 없나요?"
"아프리카 사막 춥나요?"
"투어를 통해서 가야 하나요?"

사막엔 정말 아무것도 없다. 2박 3일 동안 먹을 음식과 생필품을 챙겨 들어가야 한다. 가져갈까 말까 고민되는 것은 꼭 가져가야 한다. 가져가는 길엔 무거운 짐이 될 수 있으나 막상 가져가면 후회할 일은 없다. 생각지 못한 상황에 사용하게 된다. 물과 음식은 넉넉하게, 불을 피울 수 있는 도구와 플래시는 꼭 챙겨야 한다. 추위를 많이 탄다면 핫팩도 추천한다. 아프리카는 더울 거라고 생각하는데 새벽엔 입 돌아갈 만큼 추워서 잠을 못 잘 지경이다. 침낭에 패딩을 챙겼어도 추위가 장난이 아니다. 아침에 일어나 무사히 깨어난 거에 감사가 저절로 나오는 경험을 하게 된다. 하지만 사막을 온 것엔 절대 후회하지 않는다.

사막 캠핑은 대부분 투어 회사를 통해서 온다. 가이드한테 물어보니 프로가 아니면 힘들기에 추천하지 않는다고 말을 했다. 비포장도로라 길이 보이지 않아 차가 웅덩이에 빠져서 고립되는 상황이 오고 핸드폰 수신도 안되기 때문에 위험할 수 있다고 했다.

한 가지 더 이야기하자면 너무 깔끔한 사람은 힘들 수 있다. 모로코 사막 캠핑은 내가 보지 않는 곳에서 음식을 만들어 와서 모르겠지만, 나미비아 사막 캠핑에선 깜짝 놀랄 정도였다. 설거지하는데 퐁퐁을 묻히고 물로 대충 휘젓휘젓 끝이다. 만져보면 미끈거리고 퐁퐁이 남아있다.
수저 포크 주전자 냄비 등 도구들은 한국 고물상에서 볼법한 도구들이 출연한다. 찌그러진 데다가 녹이 슬어있고 공구통 같은 거에 보관한다. 처음엔 살짝 멈칫했지만, 너무 배가 고파 신경 쓸 새도 없이 그냥 감사히 먹었다.

street music

여행 가기 전에 기대한 것 중 하나가 영화 속에 나오는 거처럼 파란 하늘 속에 붉은 노을이지는 배경, 거리에 잔잔하게 퍼지는 기타 소리와 버스 커들의 굵은 목소리를 기대했었다. 악기를 좋아하는 나에겐 로망이기도 했다. 주로 저녁엔 야경 명소를 찾거나 무작정 발길이 향하는 곳으로 갈 때도 있었다.

이탈리아 피렌체에서 머문 호스텔 주인아주머니는 나에게 젊은 친구들이 좋아하는 베키오 다리를 가보라고 추천해 주었다. 가는 동안에 예술가들이 자리를 잡아 사람들의 시선을 받고 있었다. 드럼을 가지고 나와서 연주하는 사람, 땅바닥에 그림과 똑같이 모나리자를 그리는 사람, 춤을 추는 사람, 마술하는 사람 등 여러 분야의 예술가들이 총출동한 장소이기노 했다. 나도 그곳에 시선을 주며 걷던 중 베키오 다리에 도착했다.

도착한 순간 마치 영화 속에 들어온 것 같은 느낌을 받아 소름이 돋았다.

내가 보고 싶었고 상상했던 거리 공연이 바로 눈앞에 보였기에 발걸음을 멈추고 한참을 봤다. 따뜻한 분위기 속의 배경과 길거리의 주인공은 완벽했고 현실에서도 가능하다는 것에 감탄하며 끝날 때까지 머물렀다.

끝나자마자 힘껏 손뼉을 치고 동전이 가득해 보이는 가방에 나도 동전을 넣었다. 오늘 하루도 고단했을 나에게 선물이라도 주는 듯 힐링의 밤이 되었다.

여행은 언제나 옳다

여행은 준비해서 가는 것이 아니라 가고 싶을 때 떠나는 것이다. 남들에게 보여주기 위한 여행이 아니라 나를 위한 여행을 하려고 한다.

여행은 스펙 쌓기가 아니므로 준비되지 못했다고 스트레스받을 필요가 없다. 다 괜찮다. 나의 있는 그대로를 받아주는 곳, 나를 위해 준비된 것이 많다.

편견 없이 바라봐 주는 사람들, 그림 같은 하늘과 거리, 분위기에 압도당하는 야경, 인생의 선배로서 조언하는 한국인 등. 떠나기 전 나의 고민과 걱정, 불안한 마음이 희망으로 바뀌고 기대하게 됐다.

내 생각의 방향도 바뀌었다. 여행은 옳다. 그저 놀고 가는 것이 아닌 솔직한 나를 보게 됐고 더 넓은 세상을 꿈꾸게 해줬다.

물의 도시 베네치아

"정류장이 어떻게 생겼어?"
"진짜 배만 다녀?"
"이동할 때 불편하지 않았어?"
"배차시간은?"

영어로는 베니스, 수상도시로 진짜 배로만 다닐 수 있다. 기차를 타고 베니스에 도착하자마자 느낄 수 있었다.
바포레토(수상버스), 수상택시, 수상경찰, 수상구조대, 곤돌라뿐이다. 버스 요금은 좀 비싸다. 1회용 €7.5, 24시간 €20, 48시간 €30, 72시간 €40, 7일 €60이다. 롤링 베니스 카드는 €28(카드값 €6+72시간 €22)로 만 6세에서 29세까지만 발급받을 수 있다. 나는 롤링 베니스 카드를 발급받아 싸고 편리하게 이용했다. 여권으로 나이를 확인하니 꼭 챙겨야 한다.

버스는 처음 탑승한 시간부터 시작된다. 시간이 넘으면 안 되니 중간중간 확인을 해야 한다. 이곳에서도 구글맵만 할 줄 알면 편한 곳이다. 쉽게 정류장을 찾을 수 있고, 버스가 언제 오는 지도 나온다. 한국에서 버스자동차랑 똑같다. 다만 배라는 것만 다를 뿐이지. 다니다 보면 갈아타는 경우도 있다. 갈아타는 곳도 대부분 가까운 곳에 있어 찾기 쉽고 모른다면 주변 사람에게 물어보면 친절하게 알려준다. 간혹 폰이 안 터지는 곳이 있으니 지도를 미리 다운로드해 표시해 두는 게 좋다.

버스 배차 시간은 10~15분 정도다. 정류장에 가면 도착시간이 뜨는데 신기하게도 딱 맞춰 도착한다. 바포레토는 사람이 많아 서서 가는 경우가 대부분인데 바깥 경치를 볼 수 있어 나는 일부러 서서 간 적도 많았다. 가격은 비싸지만 빠르고 편하게 이동하고 싶다면 택시나 곤돌라를 이용하는 방법도 있다.

수상도시의 매력은 다른 곳에서는 느낄 수 없다. 여기에서 만난 여행객들은 보통 짧은 기간(2일 정도)을 가지고 이곳에 들어온다.
골목골목 다니는 것을 좋아하는 사람이나 이곳을 느끼고 싶은 사람은 오래 머무는 것을 추천한다. 단점은 비가 오면 나올 수 없다는 것이다!

마음은 통했다

여행 가기 전에 언어 걱정을 하는 나에게 누군가가 말을 했다. '언어의 장벽 속에서도 마음은 통할 것'이라고, 물론 나는 믿지 않았었다.

모로코 사람들은 주로 아랍어와 불어를 사용한다. 영어를 사용하는 사람들은 여행객이 방문하는 시장이나 숙박업소, 외국어를 배운 사람들만 가능하다. 실제 모로코를 여행하면서 만났던 사람 중에는 반 정도만 약간의 영어가 가능했다. 그런데 투어 중에 영어를 못 하는 현지 가이드를 만났다.

난 혼자고 대화가 통하는 친구도 없고, 다가가기엔 내가 짐이 될 것만 같았다. 이러다 투어 중에 나만 떨궈지는 건 아닌지, 핸드폰도 점점 수신이 약해져 걱정이 더 앞서갔다. 염려를 떨치려 속으로 기도를 한다. 투어 중간중간에는 휴게소를 들리고 멋진 곳이 보이면 잠시 내려 자유시간도 가졌다.

혼자인 나는 눈으로 담고 풍경 사진만 찍는다. 그때 마침 한 친구가 나에게 다가와 사진을 찍어주겠다고 말을 걸었다. 너무 고마웠지만, 여전히 나는 긴장을 했다. 그 친구는 나의 마음을 아는 듯 계속 말을 걸어준다. 너는 혼자 왔어? 어느 나라에서 왔어? 얼마나 여행했어? 모로코는 어땠니? 영어가 부족한 나는 단답형으로 답을 했지만, 질문을 이어가는 친구, 다른 곳으로 장소를 이동해서도 내 사진을 찍어주겠다며 다가오던 그 친구가 나의 첫 번째 모로코 친구가 되었다.

그 친구는 6명의 친구와 하루 전날 클럽에서 밤을 새우고 투어를 왔다고 한다. 그 친구 덕분에 나는 다른 친구들과도 금방 친해질 수 있었고 친구가 생기니 나의 걱정도 사라졌다. 대화가 잘 통하지는 않지만, 마음이 통했다는 느낌이 왔다. 언제 어디서 모이는지, 지금 어디를 가는지 등 쉬운 영어로 나에게 통역을 해주고, 모로코의 문화, 전통 음식도 알려주고, 점심도 얻어먹었다. 그러다 보니 외로운 느낌은 사라지고 수신 불가인 핸드폰도 잊었다. 생각지도 못한 나의 단독 사진도 생기고 친구들과 즐거운 추억을 만들게 됐다. '마음은 통한다는 말'도 약간은 믿어졌다.

우리는 100DH 가격의 전통 요릿집에서 밥을 먹었다. 요리가 나오기 전에 여러 가지 채소가 섞인 샐러드가 나온다. 친구가 나를 챙겨 주겠다고 그릇에 덜어주며 입맛에 맞는지 먹어보라고 한다. 먹는 순간 헉했다. 섬유유연제 같은 맛이 났고, 완두콩을 싫어하는 나에게 한 순간이나 퍼줬기 때문이다. 나에겐 고마운 친구들이기에 티를 내지 않고 맛있다며 미

소를 지었다. 친구들도 나를 쳐다보며 웃는다. 나도 그냥 웃었다.

투어를 마치고 숙소에 돌아와 '사람의 마음은 통한다'라는 말이 다시 떠오른다. 거짓말처럼 오늘 만난 친구들은 굳이 말하지 않아도 내가 긴장했는지 즐기고 있는지 알아차렸고, 또 내가 궁금한 게 생기면 말하지 않아도 그들이 먼저 나에게 말해줬고, 그들끼리 대화한 후에도 나에게 어떤 대화가 오갔는지 설명을 해준다. 그들은 내가 답답했을 텐데 끝까지 내 옆을 지켜줬다. 내 기도를 마음으로 전달해 주었는지 걱정은 기쁨으로 바뀌었고, 언어의 장벽 속에 마음이 통하는 걸 경험했다. 마음은 통한다. 마음은 통했다. 괜히 나온 말이 아녔다.

스쳐가는 만남

사진 찍는 것을 좋아하는 나는 무거운 DSLR 카메라를 챙겨 든다. 여행하는 중에 사진으로 담은 흔적을 보면 그때의 기분을 다시 꺼내 볼 수 있기 때문이다.

다시 올 거라는 기약이 없기에 순간순간을 담고 싶고, 햇살 속의 풍경, 사진 찍는 사람과 찍히는 사람, 웃는 게 예쁜 아이, 거리에 많은 커플, 길거리의 아티스트, 내 근처에만 있어도 든든한 경찰 아저씨, 나의 발이 닿는 곳까지 담고 싶다.

물론 마음처럼 쉽지는 않다. 촬영할 때 상대방에 대한 예의가 필요하고, 자연스러움을 깨뜨리고 싶지 않았기에 조심스럽다. 'Don't take photos'라 적힌 곳은 당연히 찍으면 안 되고, 혹여나 찍히는 상대가 꺼려서도 안 되는 것이기에 카메라를 들 때마다 눈치를 보게 된다.

유난히 찍고 싶은 사람들이 눈에 보일 때가 있다. 비눗방울을 휘날리며

아이들의 웃음을 만들어주는 비눗방울 아저씨, 눈과 귀를 호강시켜주는 뮤지션, 나이와는 상관없이 옷을 젠틀하게 입고 있거나 이목구비가 뚜렷한 사람은 막 찍어도 엽서의 한 장면처럼 담을 수 있기 때문이다.

카메라를 들고 초점을 상대방에게 맞추고 손가락이 버튼 위로 올라갈 때 긴장이 된다. 그 순간 나를 쳐다볼까 봐, 나에게 뭐라고 할까 봐 땀이 날 때도 있다. 정말 운이 좋게 나의 마음을 알았는지 미소를 지어주는 좋은 사람들을 많이 만났다. 때로는 인사까지 해주고 먼저 다가와서 같이 찍자고도 했다. 그게 얼마나 감사한지 긴장했던 마음을 놓으며 안도의 미소로 답을 한다.

나의 삶과 상관없는 사람들, 단지 여행 중에 스쳐 가는 사람들, 일생에 처음이자 마지막 만남일 수도 있는 사람들을 사진에 담을 수 있어 특별했고, 사진을 다시 꺼내 볼 때마다 반갑고 입가엔 어느새 미소가 자리 잡는다. 사진의 주인공도 사진을 보게 된다면 나처럼 미소를 띠었으면 좋겠다.

스쳐가는 만남 속엔 추억이 들어있었고
스쳐가는 만남으로 더 특별한 사진이 남았다.

BRI
BAN
PRAHA

아무튼 지르고 봐야 해

하고 싶은 건 많은데 나를 붙잡는 건 왜 이렇게 많은지 남들은 대학생 때 혹은 더 어려서 와보는 파리를 나는 26이라는 적지 않은 나이에 왔다. 하고 싶은 것은 많은 데 나를 붙잡는 현실은 녹록지 않았고, 그렇다고 반복되는 현실에서 벗어나기엔 겁이 났다. 지금에서야 깨달은 게 하나 있다.

"일단 지르고 보자!"
"안 가고 후회할 거 가고 후회하자"

무작정 비행기 티켓을 샀다. 큰 거 하나를 지르고 나니 나를 붙잡고 있는 것들에서 벗어나기 시작했다. 되뇌며 다시 다짐한다. 더 생각만 하다가 시간을 놓치지 말아야지. 못해보고 후회할 거면 하고 후회해야지. 무작정 파리행은 내 삶에서 하나를 배운 셈이다.

남들이 다 가는 로맨틱한 파리에 드디어 왔다.
내 눈에 에펠탑이 보인다.
안 왔으면 늘 부러워만 했겠지.

하루하루가 토요일인 것처럼

여행은 정말 하루하루가 토요일처럼 생각만 해도 기분 좋은 날의 연속이
다. 평소 같으면 시간이 금방 지나가 잠이 들기 싫었을 밤이지만 여행은
내일이 기대되기 때문에 편안히 잠이 든다.
파리에 와있는 내가 신기하다. 내일 아침이 되면 파란 하늘과 구름이 나
를 반겨주겠지 또 어떤 곳에서 어떤 사람을 만나게 될까? 내일은 뭘 먹
어볼까? 행복한 고민에 빠진다.

오늘 Au revoir
내일 Bonjour

RTE DE CLOUD
Rad   ance

몽마르뜨르 언덕엔 여러 종류의 사람들이 있다. 나처럼 야경을 보기 위해 오는 사람들 또 술 파는 상인들, 기념품을 파는 흑형들, 우리를 지켜주는(?) 군인들이 있다. 해가 지기를 기다리며 잠시 사람 구경을 시작했다. 여긴 외국이라서 그런지 나에게는 모든 장면이 영화처럼 보였다. 아름다운 노란빛에 입을 맞추는 커플, 맥주 한잔하며 대화하는 친구들, 셀카를 찍으며 추억을 남기는 가족들까지.

이곳은 로맨틱의 장소 파리다.

VOTRE
FUTUR
Meteojob utilise de pu
algorithmes de match
trouver les emplois qui
correspondent.

#
red

빨 삶 빨 여
강 　 강 행

재미있고 엉뚱한 사이

어디를 가나 푸른 나무들이 가득하고 새소리가 선명하게 들린다. 자연이 담긴 곳, S와 함께 가평에 왔다.

나를 쏙 빼닮은 친구가 있다는 것은 행복한 일이다. 친구와 함께라면 낯익은 장소에 가더라도 다시 새로운 공간이 된다. 자주 갔던 남이섬인데 낯선 여행지에 온 것처럼 수백 장의 사진을 찍으며 뛰어놀았다. 뭐가 그렇게 즐거웠는지, 사소한 행동 하나에도 우리는 어깨를 들썩이면서 웃었다.

친구와 나는 너무 닮아 놀랄 때가 있다. 그리고 옆에 있어 주는 것만으로도 나에게 아늑함을 준다. 자신을 닮은 사람에게 끌린다는 말은 연인이 아니라 친구 사이에도 적용되는 것 같다.

나도 그녀에게 자신을 닮은 친구로 남고 싶다. 부담 없이 어떠한 걱정이

라도 다 말할 수 있는 존재로 그녀에게 오랫동안 남고 싶다.

익숙하지만 항상 새롭고, 새롭지만 익숙해서 편안한 사이.
이렇게 재밌고 엉뚱한 사이가 계속 이어졌으면 한다.

무작정 떠난 제주도

"우리 제주도로 떠날래?"
일상에 지친 나의 간절한 한마디에 고민도 하지 않고 제주도행 티켓을
끊었다. 무작정 계획 없이 끊은 티켓이라 여행이 다가오기 전 취소할 줄
알았다. 하지만 내 생각과 달리 이미 몸은 제주도에 가 있었다. 무더위가
시작되려 조금씩 뜨거워지는 6월, 우리는 일상에서 탈출하기를 목말라했
고 제주도만 생각하며 버텼다.

'3박 4일 동안 제주도의 동 · 서 · 남 · 북을 지배하자!'
이것이 나의 계획이었다. 뚜벅이 여행이었는데 숙소도 한 곳이 아닌 서
쪽, 남쪽, 북쪽에 잡았다. 한껏 신나서 짰던 우리의 여행 계획표는 지금
생각하니 헛웃음만 나왔다.
무모한 도전의 결과는 무척 힘들었다. 저녁마다 친구와 나는 퉁퉁 부은
다리와 핼쑥해진 얼굴을 맞이했다.

하지만 해안도로에서 잡동사니가 가득 담긴 캐리어를 질질 끌며 노을 진 하늘을 바라봤을 때, 속에서 묵었던 무언가가 시원하게 뚫렸다. 일상 속, 집으로 돌아가는 버스 창문에서도 볼 수 있는 하늘인데. 왠지 모르게 제주에서 본 하늘은 시선을 뗄 수가 없었다.

무작정 떠난 제주도는 서로에게 기대며 버텨온 순간들을 함께 보상받을 수 있는 시간이었다. 그렇게 친구와의 여행은 현실에 지쳐있는 나에게 에너지음료처럼 다가와 주었다.

여행이 필요한 순간

'쓰리빅'
'투빅'이라는 그룹을 모방해, 먹는 것을 좋아하는 친구들과 셋이서 만든 이름이다.
서로에게 익숙한 사이로 오랜만에 만나도 어색함 없이 대화를 나눈다.
너무 익숙해서 그런가? 함께 멀리 여행한 일이 없었다. 동네에서 마음 적적할 때 가끔 만나는 것이 전부였다.

각자 바빠 서로 안부를 묻고 얼굴을 보는 날들이 희미했다.
"얼굴 좀 보자"
"우리 홍콩가자"
이렇듯 말로 하는 약속들만 가득했다,

여행이 필요한 순간이 왔다. 계획보다는 실행을 우선하기로 했다. 그렇게 단양 1박 2일 여행을 시작했다. 여행 짐은 갈아입을 옷, 트레이닝복,

세면도구와 안경뿐이었다. 수건도 없었지만, 트레이닝복으로 갈아입고 물속으로 직진했다. 그렇게 한참을 놀았다.

시골의 밤은 도시보다 어둡고, 달빛과 별빛은 더 빛이 났다. 매운탕과 술 한 잔에 서로 그동안의 고민을 잔잔하게 털어놓았다. 고민은 언제나 비슷했다. '취업, 연애문제나 학교생활'로 장난기 가득한 사이지만 고민을 털어놓는 순간은 자기 일처럼 고민해 준다. 친구들과 함께 고민을 나누다 보면 혼자 했던 걱정들이 조금은 무뎌졌다.

무계획으로 떠난 단양에서 매미 소리만 들리는 밤에, 우리는 어지러운 고민을 조금 덜어두고 왔다. 고민을 덜 수 있는 일은 쓰리빅과 함께여서 그렇다. 앞으로도 친구들과 여행은 항상 계획이 없었으면 좋겠다. 무계획으로 만나면 아무런 생각 없이 딱 그 순간만을 즐길 수 있으니까. 그런 순간들이 함께 가득하길 바란다.

어쩌다보니 후쿠오카

짧은 시간 동안 친해진 친구와 함께 해외여행을 간다는 것은 쉽지 않은 일이다. 조금 걱정이 되었지만 어쩌다 보니 친해졌고, 갑작스레 여행을 계획했다.

걱정과 달리, 친구들과 함께한 여행은 나 자신을 더 깊이 볼 수 있었던 시간이었다. 항상 남의 눈치를 보며 의견 내세우기를 꺼리는 나를, 자신과 같다고 공감하는 친구와, 전혀 다른 성격을 가진 친구의 충고가 적절히 조합되어 솔직한 나를 찾을 수 있게 도와주었다.

누군가의 내면을 본다는 건 참 어색한 일이다. 서로의 과거를 모르는 관계라면 어색함이 더할 것이다. 또한, 솔직한 내 모습을 누군가에게 보여준다는 것도 어려우면서 행복한 일이다.
내 머릿 속에 이 친구는 이래, 저 친구는 저래, 이렇게 전제조건처럼 친구들을 생각하고 있었는데 마냥 행복하고 멋져 보이던 친구들의 얘기를

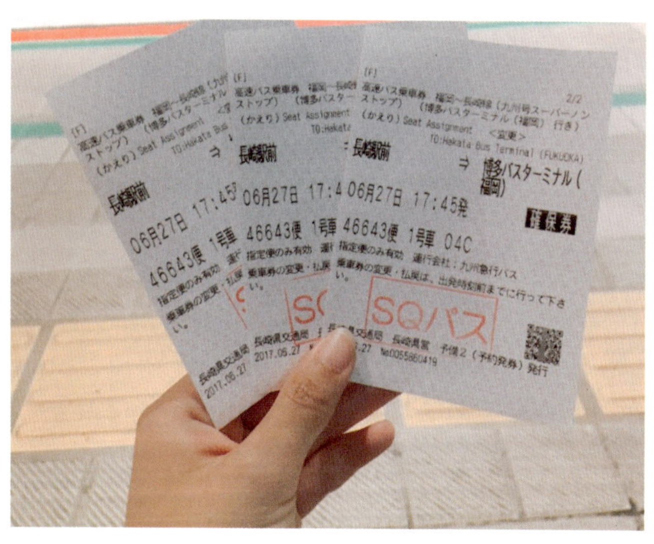

들었을 때, 한순간 멍해졌다.

'모두 다 사연을 갖고 있구나. 나만 그런 게 아니구나.'
이상한 안도감이 머릿속에 드는 동시에 공감대가 형성되는 기분을 느꼈다. 나의 사연을 들은 친구들도 마찬가지겠지?

어쩌다 떠난 후쿠오카 여행은 우리 사이를 이어준 다리였다. 지금도 친구들에게 서로의 내면을 보여주고 함께 하는 순간을 만들고 있다. 어쩌다가 툭 던진 말로 떠나는 여행의 매력이다.

잠이 잘 오는 부산

해운대의 시원한 파도가 겉보기와 다르게 자장가처럼 다가온다. 깊은 밤에 바라본 더베이의 불빛은 별처럼 반짝인다.

나에겐 불면증이 있다. 새벽 5시쯤 억지로 잠을 청한다. 무슨 고민이 그리도 많은지, 눈을 감으려고 하면 복잡한 생각이 뒤섞여 잠이 오지 않는다. 하지만 남자친구가 옆에 있으면 언제 그랬냐는 듯이 스르륵 눈이 감긴다. 마치 푹신한 솜 베개에 누운 것처럼. 내 전용 베개가 있다는 것이 참 좋다.

"뭐야 또 자?"
"불면증 있는 거 맞아? 나랑 있으면 버스든 지하철이던 잠만 잘 자던데?"
"나랑 좀 놀아줘"
그래서 항상 그는 불만이 많다. 미안하지만 귀여운 투정이 나를 더 잠들게 하는 것 같다.

누군가의 옆에서 걱정 없이 잠드는 것이, 편하게 밥을 먹고, 힘들다고 애처럼 울어버리는 것은 처음이다. 허물없는 나의 모습을 보여주게 된다. 시간이 지나면서 제 짝을 찾아간다는 말처럼 내 짝을 찾은 것일까?

그와 함께 하는 모든 일이 재밌다. 싸우는 것도 힘들지만 나중에 생각하면 웃음이 난다. 떨어지고 싶지 않다는 생각이 한마음이다. 탁 트인 해운대의 넓은 파도처럼 그의 팔베개는 아늑한 쿠션이 되어 나에게 달콤한 잠을 선사한다.

高級
御誂服
既製服
コダマ洋服店
TEL. 尾道(0848) 22-3521

green

그리운

덕분에 웃는 날

미니멀리즘, 심플라이프 등 최소한의 용품으로 생활하는 사람들의 이야
기를 듣고 충격을 받았다. 내 주변을 살피니 맥시멀리즘도 이런 맥시멀
리즘이 있을까? 당연하겠지만 결혼과 출산을 하며 우선순위가 아이 위
주로 바뀌었고, 아이가 태어나자마자 아니 그보다 먼저 장난감과 책을
사들였다.

그래 나도 이젠 좀 버리고 살자. 미니멀리즘을 접한 후 아이에 대한 강요
를 버리기 시작했다. 뭐든 다 끌어안고 사는 성격이라 쉽진 않았지만, 장
난감과 아이의 책을 비우기 시작하니 나의 아이가 보이기 시작했다. 아
이의 행복이 무엇이고 인생이 무엇인지 생각하게 되었다.

아이의 행복을 생각하며 가족의 홍콩여행을 계획했다. 이제 막 말문이
트인 아이에게 "비행기 타고 여행 갈 거야." 세뇌하고 날아갔다. 나는 마
흔하나 아이는 이제 세 살! 창이 공항에서 홍콩섬까지 가장 빠른 교통수

LG G5
Manulife
SAMSUNG

단 AEL을 탔다.

늦은 시간 공항에 내려 졸리기도 하고 낯설기도 했던 탓일까 이제 시작인데 아이는 유난히 짜증을 부리고 떼를 쓴다. AEL 타는 곳을 코앞에 두고도 헤맨 이유 때문인지 남편도 기분이 좋지 않은 것 같다. 싸우지는 않았지만 무언가 분위기가 냉랭해졌고, 말없이 어두운 창 밖만 바라봤다.

무언가 따뜻해지는 느낌에 아이를 번쩍 안아보니 내 바지에 '쉬'를 한 듯하다. 남편에게 내 바지 좀 보라고 눈빛을 보냈다. 남편과 나는 서로 보고 어이없이 픽 웃었다. 싸움 아닌 싸움 후 화해 아닌 화해를 하게 되었다.

'자녀가 부모에게 주는 유익은 부모의 성숙'뿐이라던 어느 정신과 의사의 얘기가 이런 상황을 두고 나온 말인가 싶다. 아이로 인해 점점 어른이 되어가고 있고, 덕분에 웃는 날이 많아지고 있다.

초심

회사 복직 후 직장 어린이집 갈 때까지 아이를 돌봐준 시어머니와 함께
베트남 다낭에 갔다. 명목은 효도 관광(?) 이었지만 아이 위주이다 보니
아이 한 명을 어른 셋이 해외에서 돌보는 것 같은 느낌이었다.

시장 구경 하다 발견한 아오자이는 작아서 귀엽다고 느껴졌고 꼭 사야
하는 아이템이 되었다. 시장을 한 바퀴 돌고 계산기로 흥정이 끝난 후 아
이에게 입혀 보았다. 아오자이 옷을 입고 논을 쓴 뒷모습이 귀여웠다. 걷
는 속도가 조절이 안 되는지 뒤뚱거리며 위태위태하더니 결국 쿵 하고
만다. 다시 일어나 손을 탁탁 털고 맨발로 또 걸음을 시작한다.

혼자 할 수 있는 것이 하나도 없던 작은 아기였는데 어느새 이만큼 자랐
다. 내가 키운 것인지 스스로 자란 것인지 모르겠지만 시간이 참 빠르게
지난다. 짐짐 더 혼자 할 수 있는 것이 많아지면 엄마인 니의 감정은 어
떨까.

"너도 빨리 이 기분을 느껴야 할 텐데…. 아이가 주는 기쁨 말이야."
30대 중반도 훌쩍 넘은 나이까지 결혼하지 않은 나에게 절친한 친구는
전화 통화할 때마다 이 말을 했다. 친구가 말한 의미를 이제 조금 알겠
다. 나를 닮은 아이가 주는 기쁨!

아무것도 기억 못 할 아이와 여행을 하다 보면 굳이 집 떠나서 육아해야
하나 싶기도 하지만, 아이 인생의 하얀 스케치북에 내가 몇 페이지라도
추억을 그려주고 싶은 욕심으로 힘들더라도 여행을 떠나게 된다. 그것들
이 조금이라도 삶의 자산이 되길 바라는 마음이다. 아이가 웃었다면 그
걸로 된 것이다.

굿바이

'툭'

호텔에 도착해서 짐을 풀고 있는데 캐리어의 손잡이가 고장 나 버렸다.
캐리어 속 짐의 무게가 내 삶의 무게만큼 무거워졌나보다.

본격적으로 여행을 다니겠다고 캐리어 3종 세트를 사서 여행을 다녀왔
다. 여름휴가로 유럽의 한 나라를 갔고, 겨울 휴가로 오세아니아의 한나
라에서 일주일을 살았다. 가고 싶은 곳으로 신혼여행을 떠났고, 미국의
최대도시에서 열흘을 지냈다.

배낭여행을 제외하고 나의 모든 여행의 비행기 좌석은 캐리어가 차지했
었다. 항상 나의 캐리어는 꽉꽉 채워져 이사 수준으로 짐을 싸 들고 다녔
다. 나와 함께 여행한 시간이 꽤 많았던 캐리어다.

캐리어 안의 모든 것을 비워내야 하고 버려야 한다. 어쩌면 여행이란 게

그런 것이 아닐까 하는 생각을 했다. 그동안은 채우고 담기 바빴다. 카메라로 풍경을 담고, 정신없이 다니며 구경하기 바빴다.

오래되어 고장 난 캐리어에 있던 물건들을 꺼내다 보니 여행은 일상에서 쌓인 노폐물을 비워내는 곳이었다. 힐링이 엄청난 유행이 된 것은 그만큼 우리의 삶이 치유 받아야 할 것이 많다는 의미 아닐까? 워킹맘의 삶도 그리 녹록하지 않다. 모두 치열하다. 뭔가를 끊임없이 해야 하는 반복되는 일상이다.

낡고 오래된 캐리어 덕분에 채우러 떠난 여행에서 비움을 배우게 되었다.

하와이는 로망이다

이틀을 끙끙 앓다가 오전에 조금 기운을 차려서 원래 예정했던 할레아칼라 일출을 포기하고 여유 있게 차로 전망대까지 올랐다. 일출은 아니더라도 휴화산의 모습은 볼 수 있을 줄 알았는데 구름에 가려 아무것도 볼 수 없었다. 이토록 비싸게 굴다니 야속함 마저 느껴졌다. 아쉬움이 너무 컸다.
아쉬움만 남기고 뒤돌아 내려오려고 몸을 돌리는 데 한 외국인이 다급히 우리를 부른다. 있던 자리로 되돌아 가보니 구름이 걷히고 멋진 풍경이 펼쳐지고 있었다. 순간 구름이 걷히며 세계 최대 휴화산이 모습을 드러냈다. '멋진 자연의 모습을 보게 되다니' 아픔을 참고 달려온 시간이 아깝지 않았다.

누구와 결혼도 약속하기 전에 신혼여행지를 '하와이'로 정했었다. 자연 그대로를 느끼고 싶은 마음에서였디. 디행히 생각했던 대로 결혼 후 신혼여행을 하와이로 온 것이다. 여행 기간 동안 몸이 아팠고, 남편은 나를 정성으로 간호해 그나마 조금 기운을 차리게 되었다.

문득, 배려 가득한 이 남자를 지금보다 일찍 또는 늦게 만났다면 결혼까지 할 수 있었을까? 할레아칼라가 그 시간 내 눈에 들어온 것처럼 말이다. 인생은 타이밍이라고 했다. 당시에는 느끼지 못했지만 되돌아보니 내가 남편을 만난 것 역시 두 번 다시 올 수 없는 최적의 타이밍이었고, 나의 선택이 하모니를 이루어서 멋진 로망이 완성되지 않았을까.

버킷리스트 with 엄마

"엄마 또 사진 봐요?"
엄마는 바닷속에서 거북이와 찍은 휴대폰 속 사진을 또 보고 있다. 그날 스킨스쿠버를 하지 않았다면 엄마는 그날의 여행이 만족스러웠을까?

몇 년 전 유행처럼 버킷리스트 작성을 하던 때가 있었다. 곧 죽을 사람처럼 하고 싶은 것들을 적고 실천하기 시작했다.
그중 하나가 엄마와 해외여행이었다. 엄마의 수연 기념이었다. 60세 이상은 스킨스쿠버를 할 수 없다고 했지만, 우여곡절 끝에 엄마는 바다 아래에서 거북이와 인증샷(인증사진)을 남겼다.

스무 살부터 집을 떠나 사회생활을 시작해서일까? 충분한 사랑을 받았음에도 늘 엄마가 그리운 딸이다. 엄마와는 항상 각별하고 애틋하다고 느끼며 살았다. 그런데 이제야 함께 여행을 왔다. 당신 생에 정말 행복한 순간이었다고 형형색색 찬란한 물고기를 본 일이 고마웠다고 고백했다.

적지 않은 나이에 도전한 엄마를 보니 자랑스럽기까지 했다. 팍팍하고 여백 없는 삶을 산 엄마의 인생을 보고 엄마처럼 살지 않겠다고 다짐했던 지난날이 부끄러워지는 순간이었다.
엄마와의 여행을 미루지 않고 버킷리스트를 실천한 것이 정말 잘한 일이라 생각되었다.

엄마가 되고 보니 엄마의 삶을 이해하게 됐다.

자기가 한 선택에 만족하는 사람이 얼마나 될까? 적어도 후회 없이 살기 위해 가족과 여행한다. 여행을 통해 사랑을 느끼고 삶을 돌아보게 된다.

CIVITA
CAMPER
BUS
ROULOTTES
P

189
193
ASK ME
ANYTHING
LONDON

#

purple

펍 PUB

여행은 그렇다

오스트리아 빈(Wien, Vienna)에는 오페라하우스와 슈테판 성당 주변으로 많은 카페가 있다.
요한 슈트라우스 2세가 연주한 '돔마이어'와 지그문트 프로이트가 즐겨 찾던 '란트만'이 있으며, 현존하는 카페 중 가장 오래된 '프라우엔후버(FRAUEN HUBER)'가 있다.

빈에 도착한 나는 슈테판성당을 둘러본 후 커피가 격하게 당겨 빈에 온 기념으로 비엔나커피를 마시고 싶었다. 아내를 앞세워 빈의 뒷골목을 돌다 힘들게 '프라우엔후버'를 찾아 들어갔다.

카페 안내서를 들여다보며 시기는 다르지만 모차르트와 베토벤이 연주를 했던 카페라고, 지금 230년의 시공을 넘어 볼프강 아마데우스 모차르트와 루드빅 반 베토벤과 함께하고 있다며, 나는 흥분을 감추지 못하고 카페 이곳저곳을 둘러보았다.

Frauenhuber
Milka

흥분한 나와 달리 아내는 학창시절 종로2가에 있는 코아준 레스토랑에서 마신 비엔나커피가 기억이 난다느니 하며 자신만의 감상에 젖었다. 대학 시절 종로의 코아준에서 마신 비엔나커피라니? 당연히 혼자 마시지는 않았을 거고, 후배인 아내와 나는 그곳에서 비엔나커피를 마신 기억이 없으니 괜히 기분이 확 상했다. 아니 이런 역사적 사실을 간직한 명소에서 고작 옛 남자친구와의 추억이나 끄집어내고 있다니.

빈정 상한 남자가 다 그렇듯이 '음미?' 이런 사치스러운 짓거리는 다 치우고 '원샷'으로 들이키고 일어나서 나왔다. 물론 푼수 같은 나는 여전히 뻔뻔한 아내에게 다가가서 기념사진 찍자고 자세 잡아 보라고 했다.

빈에 와서 모차르트와 베토벤을 만난 푼수 남편이라니 뭔가 아쉽지만 그래도 행복한 날이다. 여행은 그렇다.

다비드와의 만남

아침에 눈을 떴는데 머릿속에 온통 피렌체의 성당과 거리 그리고 미켈란젤로의 다비드(다윗)상이 가득했다. 며칠 전 Y대학교 K교수의 〈천재들의 도시 피렌체〉라는 인문학 강의를 들은 후 감동을 받은 탓이다.

아무튼 이제 막 일어나 기지개를 켜는 아내에게 '나 피렌체 갈 거야'라고 뜬금포를 날렸다. 아내는 의아한 표정을 지으며 '잘 자고 일어나 느닷없이 피렌체는 왜?'하고 묻길래 정말 어처구니없이 '다비드 보러'라고 했다. '다비드?' 하더니 아내도 보고 싶다며, 가려면 방학 기간에 같이 가자며 출근 준비를 서둘렀다.

백수는 먹을 때 외에는 신속함이 절대 금물이거늘, 오후 3시까지 미친 듯이 비행기 티켓과 열차, 숙소 그리고 박물관 입장권까지 인터넷으로 예약을 마친 후 피렌체와 미술에 관한 책까지 주문했다.
밀라노와 볼로냐를 거쳐 피렌체에 도착 후 일정대로 아카데미 미술관에

서 미켈란젤로의 다비드상 원작을 봤다. 감상하는 내내 온몸에 강한 전율이 일어났다. 스탕달 신드롬(뛰어난 미술품이나 예술작품을 보았을 때 순간적으로 느끼는 각종 정신적 충동이나 분열 증상)까지는 아니더라도 엄청난 감동을 하였다.

느낌이 가시지 않아 저녁에 다시 미켈란젤로 언덕에 올라 다비드 모조품 조각상을 보고 피렌체의 야경을 보며 감동의 여운을 마무리했다.
우연히 강의에서 느낀 감동의 한순간이 나를 낯선 땅으로 이끌어 다비드 상까지 인도했구나 하는 무언가 필연적인 고리가 무의식적으로 스쳤다.

커플 놀이

대한민국 광복 70주년을 맞은 8월 15일, 피렌체의 한 식당에서 한국인에게 모든 음식을 50% 할인해 주는 행사를 한다고 했다.

이국땅에서 '대한민국 광복 70주년 기념 할인'이라니 믿기 어려웠지만 피렌체에 가면 반드시 먹어봐야 할 음식 중 하나인 티본 스테이크와 와인에 멜론-프로 슈트를 곁들여 먹었다.

취기가 살짝 올라오니 단테가 베아트리체를 만나 반했던 장소인 베키오 다리를 향해 아르노 강가를 따라 걸었다. 불현듯 언제 어디서인지는 모르겠지만, 저녁노을 붉게 물든 고즈넉한 저녁에 유유히 흐르는 강변에서 남자가 여자의 무릎을 베고 누운 CF 장면이 생각났다. 둑 위에 아내를 앉히고 무릎을 벤 후 셀카를 찍었다. 내친김에 별 이상한 포즈를 다 잡으며 셀카 놀이를 해 봤다.

커플 놀이에 젊은 이국 친구들의 환호성과 엄지척이 이어졌다. 부끄러웠지만 이내 긍정의 웃음이 만개한다.

망백(望百)의 아버지와 함께한 장가계

人生不到張家界, 百歲豈能稱老翁
"사람이 태어나 장가계에 가보지 않았다면 100세가 되어도 어찌 늙었다
고 할 수가 있겠는가?"

글을 접하고는 효자본능이 일어 꼭 아버지와 함께 장가계를 가야겠다고
다짐했다. 여행사를 알아보니 쉽지 않은 일이었다. 91세 노인이 비행기
타기도 힘든데 장가계라니 어렵다는 대답만 돌아왔다. 여행사 직원에게
걱정하지 말라며 힘들면 투어 포기하겠다고, 또 함께하는 여행객들에게
민폐가 안 되도록 하겠다며 힘들게 설득하여 장가계 투어를 예약했다.

드디어 여행 첫째 날, 아버지는 약속대로 위험한 대협곡과 황룡 동굴은
버스에서 대기하고, 둘째 날 오후부터 꼭 함께하고 싶었던 천문산 관광
을 시작했다.
시내에서 8km 떨어져 있는 해발 1,518m의 산으로, 시내부터 정상까지

이어진 세계 최장 길이의 7.45km 케이블카를 타고 올라가게 되는데 아버님은 편도만 35분이 소요되는 엄청난 길이와, 발밑으로 보이는 풍경에 감탄사를 연발하며 좋아했다.

정상에 내려 천문산의 자랑인 귀곡잔도와 유리잔도를 거쳐 한 바퀴 도는데 약 7,5Km를 관광하며 다니는데, 아버지는 힘든 거리임에도 손을 꼭 잡고 2시간 30분 동안 일행과 보조를 맞추며 함께 했다.
가이드를 비롯한 일행들은 구십 노인의 걸음에 감동해 박수로 인사를 하고, 힘든 내색 없이 함께하는 모습에 아내와 나는 꽤 자랑스러웠다.

장가계의 천하제일 풍경도, 산을 오르는 최장 케이블카도, 천문산 정상에서 산 바위 속으로 굴을 뚫어 설치한 엄청난 길이의 에스컬레이터도 정말 놀라웠지만, 정말 대단하고 놀란 것은 아버지의 힘이었다. 정말 대단한 것은 장가계가 아니라 나를 키우고 낳아준 아버지라는 사실을 새삼 느끼는 여행이었다.

\#
black

검 희 있 없
다 다 다 다

새로운 눈

한 달이나 혼자 떠나는 여행이었지만 별 계획도, 이유도 없었다. 진짜 그냥 아름다운 바다가 보고 싶었다. 샌디에이고에서의 홈스테이는 그렇게 시작되었다.

미국에 오기 전 상상한 홈스테이는 마당 있는 예쁜 집 대문에서 금발 머리에 하얀 피부를 가진 백인 가족들이 나를 반겨주며 볼 키스를 해주고, 집에서 키우는 귀여운 강아지가 마당을 뛰어다니는 모습이었다.

그런데 내가 만난 홈스테이 가족은 예쁜 집에서 살지 않았고, 까만 머리에 까만 피부를 가졌으며 볼 키스는 없었다. 귀여운 강아지 대신 냄새나는 말들을 키우고 있었다.
곧 모든 미국인이 넓고 세련된 집에서 살지 않으며, 여러 인종이 있다는 사실을 깨닫게 되었다. 또한, 볼 키스가 아니더라도 서로 교감할 방법을 배웠다.

미국에서는 홈리스들을 'Lion'이라고 부른다는 이야기를 들은 적이 있다.
사자같이 무섭고 포악해서 그렇게 부른다고 하는데 내가 샌디에이고에
서 만난 홈리스들은 전혀 그렇지 않았다. 첫날, 길을 못 찾아 아무나 붙
잡고 물어봤는데 친절하게 알려준 사람도 알고 보니 홈리스였다. 홈리스
라고 모두 냄새나고 나쁘지는 않았다. 또한, 겉모습은 깨끗하지 않아도
미소를 지어 주는 사람들이었고 홍대 입구에서 산 내 코트가 멋있다며
칭찬할 줄 아는 사람들이었다.

"진정한 여행이란 새로운 풍경을 바라보는 것이 아니라 새로운 눈을 가
지는 데 있다."고 마르쉘 푸르스트가 말했다.
내가 생각한 세상의 모습과 여행 중에 만난 세상의 모습이 다르더라도,
다른 모습 그대로 받아들일 수 있게 된다면 여행에서 일상으로 돌아왔을
때 나는 얼마나 아름다운 사람이 되어있을까.

TECATE
Candy

눈을 마주본다는 것

언제부턴가 사람들과 대화를 나눌 때 눈을 쳐다보는 게 부담스러워졌다. 무언가 부끄럽고, 나의 내면을 들키는 것만 같았다. 그래서 항상 이야기 할 때도, 웃을 때도, 길을 걸어가다가도 사람들과 눈을 마주치면 시선을 피하기 바빴다.

미국 거리를 다니면서 우리와 다르다고 생각했던 것이 '아이컨택'이었다. 길을 걸어가다가 모르는 사람과 눈을 마주치면 피하는 것이 아니라 응시하며 가볍게 미소를 지어준다. 별것 아닌 것처럼 보여도, 미소 한번 지어 주는 것만으로도 기분 좋은 하루가 될 것 같다.

미국 엄마는(홈스테이 아주머니를 항상 이렇게 부름) 술을 굉장히 좋아했고, 잘 마셨다. 아직 한국 나이로 19살, 미국 나이로 18살이었던 내게 본인이 마시던 와인을 조금 따라주며 술은 미리 배워놔야 성인이 되어서도 바르게 마실 수 있다며 우리 부모님보다도 먼저 술을 가르쳐 주었다.

엄마가 자신의 와인 잔을 들며 건배를 하자고 했고 나는 좋다고 했다. 엄마와 나는 각자의 와인 잔을 들어 서로의 잔에 부딪힌 다음 "Cheers!"라고 외쳤다. 술을 마셔본 적은 없었지만, 건배는 자신이 있었다. 이전에 어른들이 '위하여!'라고 외치며 건배를 하던 모습을 많이 봤기 때문이다.

엄마는 나보고 다시 건배하자고 했다. 미국에서는 건배할 때 서로의 눈을 바라보며 잔을 부딪치는 게 예의라고 했다. 내가 눈을 마주치지 않는지 몰랐다. 그래도 엄마가 안 했다고 하니 다시 했고, 이번에는 의식하고 엄마와 눈을 마주쳤다.
이때 처음 건배했을 때 눈을 마주치지 않았다는 것을 깨달았다. 엄마와 눈을 마주치고 다시 건배했을 때 기분이 달랐기 때문이다.

엄마와 나는 같은 공간, 같은 시간에 함께 술을 마신다는 것이 새삼스럽게 상기되었고, 엄마의 미소 짓는 얼굴과 유리잔을 부딪치는 소리가 그 순간에는 마치 평생 잊히지 않을 것처럼 느껴졌다.

눈을 마주 본다는 것은 '교감'의 의미다. 내가 당신과 함께할 의지가 있고, 당신이 궁금하고, 당신을 좋아한다는 것을 눈을 통해서라도 상대에게 알려주는 것이었다.

롯데리아!

샌디에이고에서 홈스테이로 지내면서 안심하고 다닐 수 있었던 이유는 집 주변에 미국 엄마의 모든 여동생이 살고 있었기 때문이다. 그래서 그런지 정기적으로 온 가족들이 모여 파티를 하거나, 여행을 가거나, 밥을 먹기도 했다.

미국에 간 지 얼마 되지 않아 집에 오면 항상 내 방에만 틀어박혀 있던 때, 가족들이 우리 집에 놀러 왔다. 나는 다른 가족들이 불편할까 봐 조용히 방안에서 핸드폰만 하고 있었다. 그때, 엄마가 내 방문을 두드렸고, 나보고 나와서 함께 놀자고 했다. 눈치 보이고 불편할 것 같았지만, 방안에만 계속 있는 것보단 낫겠지 하며 방 밖으로 슬금슬금 나갔다. 생각보다 사람들이 많았다. 엄마의 엄마부터 시작해서, 여동생들과 여동생들의 남편, 자녀들까지. 진짜 대가족이었다. 그들은 내가 예상한 것과 달리 나를 아주 완벽히 반겨주었다.

Candy

각자 가져온 음식을 먹으며, 며칠 못 본 사이에 생겼던 일들을 이야기하고는 게임을 했다. 게임 이름은 'loteria'였다. 한국에서 먹던 햄버거가 떠오르는 친숙한 이름이었다. 빙고랑 비슷한 게임이었는데, 멕시코 전통 게임이라고 가족 중 한 명이 알려줬다. 주방의 큰 테이블에 온 가족이 앉아 게임을 했는데, 게임을 하는 내내 가족들과 '함께'하고 있다는 생각이 들었다. 나를 크게 배려한다거나, 나에게만 관심을 둔 것도 아니었다. 그저 서로 편하게 대했다. 게임은 특별히 재미있지는 않았지만, 가족들과 함께 어울린다는 게 너무 행복했다.

홈스테이 가족들은 나를 '하숙생'이 아니라 '가족'으로 생각해 주었다. 'loteria'는 스페인어로 복권이라는 뜻이다. 게임에서 빙고를 완성한 사람이 크게 "loteria!"라고 외치면 이기는 게임이었다.

난 홈스테이 가족을 만난 것이, 빙고를 완성한 것만큼 기쁘고 복권에 당첨된 것처럼 꿈같은 일이었다. 그래서 나는 우리 가족들에게 외치고 싶었다. "롯데리아!"

I want to share with you.

사랑의 값, 2달러

한 달의 시간이 지나고 한국으로 돌아오던 날, 새벽 비행기를 타야 하는 나를 위해 미국 엄마가 공항까지 태워주었다.

내가 샌디에이고에 있는 동안 저스틴 비버가 엄청난 인기를 끌었다. 정말로 미국 엄마의 차를 탈 때마다 라디오에서는 저스틴 비버의 노래 'Love yourself'가 나왔었다. 그래서 가족들과 다 같이 노래를 따라 불렀었는데 내가 떠나던 날, 공항에 가는 내내 저스틴비버의 노래가 전혀 나오지 않았다.
노래를 못 듣고 떠나는가 싶었는데, 공항에 도착하자마자 라디오에서 기적처럼 저스틴 비버의 노래가 나왔다. 엄마와 나는 기뻐하며 그 노래가 다 끝날 때까지 조용히 함께 음악을 들었다. 약 3분이 지나 노래가 끝나자 엄마가 주머니에서 2달러짜리 지폐를 꺼내며 말했다.

"Harry(나의 영어 이름)야. 미국인들은 2달러 지폐를 굉장히 소중하게 여

겨. 이 지폐를 가지고 있으면 행운이 온다고 하거든. 이제는 미국에서 이 지폐를 잘 만들지 않아서 구하기 어려워졌어. 나도 딱 3장 가지고 있는 데, 한 장은 Adrian(첫째 아들)에게 주었고, 한 장은 Trummie(둘째 아들)에게 주었고, 나머지 한 장은 내 것인데 너에게 줄게."

나는 2달러 지폐의 의미를 알고 있었다. 사실 은행에서 받은 2달러 지폐도 집에 있었다. 하지만, 미국 엄마가 내게 마지막 날 준 2달러는 단순히 행운을 준다는 의미만 포함한 지폐가 아니었다. 그것은 내 여행의 가치와 거기서 만난 인연들의 사랑과 앞으로 내 삶의 원동력이 될 힘을 포함한 것이었다. 미국 엄마와 작별인사를 하고 비행기를 타서 자리에 앉을 때까지 나는 2달러 지폐를 손에 꼭 쥐고 있었다. 그리고 비행기가 이륙할 때 2달러 지폐에 대고 인사했다.

"안녕히 계세요 모두, 안녕 샌디에이고."

한국에 돌아오니 길거리를 걸을 때마다 상점들에서 'Love yourself'가 종종 흘러나오는 것을 들을 수 있었다. 가사를 찾아보니 '난 널 사랑하지 않으니 너 혼자 사랑해.'라는 부정적인 의미였지만, 나는 이 노래를 들을 때마다 미국의 가족들이 떠올라 행복했다. 아마 가사와는 반대로 2달러와 함께 서로 사랑하는 법을 가르쳐줬기 때문이라고 생각한다.

나는 여행 중이다

여행에는 끝이 없다. 미국에서 한국으로 돌아왔다고 여행이 끝난 것이
아니라, 미국에서 깨닫고 변한 내가 살아가는 일상 역시 여행의 연장 선
상이다. 그렇기에 여행은 매우 값지다.

고3 때 떠난 미국 여행은 어릴 때 내 이름으로 된 통장을 만들어 19살까
지 모은 돈을 모두 모아 떠난 것이었다. 그래서 여행을 다녀온 이후에 돈
이 한 푼도 없었다. 여행을 다녀온 후 나는 내가 원했던 대학에 합격했
다. 친구들은 마음 편히 놀러 다녔지만 나는 돈이 없는 터라 아르바이트
를 해야 하는 실정이었다. 하지만 전혀 후회되지 않았다.

19살에 홀로 떠난 샌디에이고 여행은 아직도 끝나지 않았다. 미국의 엄
마, 아빠, 남동생과 아직도 SNS를 통해 연락하고 있으며, 서로 선물을 주
고받기도 한다.

여행하면서 느꼈던 감정들이나 내가 봤던 모습들이 일상 속에서 문득 떠오르곤 한다. 미국에서 만난 수많은 사람에게 느낀 친절함과 고마움 때문에 우리나라에서 만난 외국인들에게 친절을 베풀 줄 알게 되었고, 나와 함께하는 사람과 눈을 마주 볼 줄 알게 되었으며, 누군가에게 사랑을 느끼게 될 줄 알게 되었다. 이렇듯 여행은 아직 일상 속에서 지속하고 있다.

어쩌면, '일상을 여행 중이다'라고 할 수 있을 것 같다. 나는 여전히 여행 중인 것이다.

\#
sky

하늘 속 혹은 하늘

무전여행

바다 건너 오사카항에 도착했다. 흥미 있을 만한 여행지가 많은 도시지만, 내 목적은 오직 일본의 본섬인 혼슈를 걸어서 무전無錢으로 여행하는 것이었다. 오사카에서 시작해 북쪽으로 가로질러 돗토리현까지의 여정이었다.

무전여행이기에 캔으로 된 음식들과 입을 옷, 덮고 잘 것 등 한 무더기를 배낭에 짊어지고 길을 나섰다. 내가 각오한 여정이라 '이 정도 고생쯤이야'라는 각오를 다졌다. 걷다 보니 블로그에서 보았던 오사카의 상징들도 만나게 되고, 도심을 통과하는 작은 강을 건너고, 맛집으로 소문난 시장의 음식점 골목도 걷게 되었다. 하지만, 무전여행을 하는 나에겐 전혀 의미가 없었다.

멈추지 않고 꽤 오랜 거리를 걸었을 무렵 오사카 중앙역 앞 계단에 잠시 앉아 쉬어가기로 했다. 지난 몇 시간동안 눈으로 보고 흘려보낸 여행의 흥미로움은 이미 사라져 버렸고, 바뀌어 가는 신호등 불빛에 따라 횡단보도를 건너는 오사카 직장인들에 일과의 끝이 눈에 들어왔다. 그들의

하루와 나의 하루가 현실적으로 너무나 달랐지만, 돌아가는 무거운 발걸음들이 왠지 조금은 이해가 되었다.

너무도 힘들고 긴 하루였다. 몇 번의 여행이 내게 주었던 특별한 날들, 스스로 자부했던 여행의 무게를 내려놓을 수 있는 시간이었다. 주머니 사정이 가벼운 배낭여행조차 가진 것이 조금이라도 있어 행복했었던 거구나. 단돈 몇 푼이라도 손에 쥐고, 좁은 침대 한 칸 얻고자 다녔던 숱한 밤거리는 지금보다 나았다. 돈 없이 떠난 여행의 첫날 밤, 다시 처음 시작하는 여행자의 마음으로, 아무것도 가진 것 없이 길 위를 걷게 되었다. 그럼에도 여행을 무사히 끝마친다면 내 앞에 놓일 힘든 여행과 일상의 하루하루를 가진 것 없이도 헤쳐 나갈 수 있으리란 믿음이 솟아났다.

和田山

서로 다른 언어의 문제

서로 다른 언어의 문제는 그리 크지도 않고,
넘지 못할 벽처럼 높지도 않았다.
그들과 나 사이에 통하는 말은 없었지만,
서로 다른 언어로 이야기하는 그 틈새에
손짓과 표정으로 많은 이야기를 나누고 있었다.

낯선 사람의 호의

10km, 20km 하루에 걷는 거리가 늘어날수록 힘에 부치는 여정이다. 무작정 걷기 시작한 오사카에서 쿄토를 넘어 오쓰까지 이틀의 시간은 무리인 듯 느껴졌다. 비와코 호수를 보겠노라 오쓰로 넘어가는 날, 한 시간을 못 걷고 10분씩 쉬기를 반복했다. 달리는 차들이 횡횡 지나가는 국도를 따라, 기어코 언덕 몇 개를 더 넘었다. 더운 날씨와 몸이 지친 탓에 현기증마저 느껴졌다.

눈에 띄는 집이 있어 물 한잔 얻어 마시러 찾아갔다. 한눈에도 오래돼 보이는 2층 목조건물로 낡은 대문이 열려 있는 것이 눈에 들어왔다. 인기척을 내보려 문 앞을 서성이며 안을 들여다보는데 2층부터 이어지는 계단을 따라 내려오던 한 아주머니가 이상한 행색을 한 나와 내 친구에게 말을 걸어오셨다. 우리는 "미즈, 미즈"(みず 미즈: 물) 라는 단어만을 내뱉으며 말을 붙여 보았다. 아주머니는 그 말을 이해했는지 우리를 집 안으로 들어오게 했다. 집 거실에서 물을 마시며 조금 쉬고 있으란 호의를 받았다.

이윽고 모든 식구를 만나보게 되었고, 물 한잔으로 시작해 크고 작은 호의가 다음 날 아침까지 이어졌다.
긴 휴식에 이어 목적으로 했던 비와코 호수까지 차로 태워다 주었고, 다시 돌아오니 저녁밥까지 대접해 주었다. 식사 후에는 잘 곳이 있는지 걱정하며 비어있는 방 한 쪽에 잠자리까지 마련해 주셨다.

하루 사이에 받은 호의는 낯선 땅에서 이방인이 받기에 쉽지 않은 베풂이었다. 며칠 만에 지붕 있는 곳에서 편히 눈을 붙이며 감사한 모든 일에 대해 생각했다. 그리고 이들로부터 빚진 마음을 갚기 위해서라도 이곳에 꼭 다시 와야겠다는 마음을 먹게 되었다. 다음 날 아침, 아무렇지 않게 그들은 우리를 배웅하며 길을 떠나보냈다. 나는 그들과의 만남으로 인해 떠남과 동시에 다시 올 날을 기약하였다.

여행에선 낯선 많은 사람들의 도움을 받게 된다. 가끔은 바보 같은 실수를 모면케 하는 도움을 받을 때도 있고, 어떤 날은 정말 생명의 은인을 만나기도 한다. 그런 크고 작은 도움들이 여행자로서의 태도를 바꾸게도 한다. 여행에서 만난 낯선 이들로부터 이러한 빚을 지고, 그 빚을 갚기 위해 남은 인생을 살아간다 생각하면 내 삶도 더 밝게 빛나지 않을까.

길을 잃고 헤맨 끝

칠흑같이 어두운 밤, 잘못된 판단으로 그나마 인공 빛이 있던 요나고 시를 벗어나 빛과 소음이 없는 시골길로 접어들었다. 15kg가량의 배낭을 메고 목적 없이 걷는 밤은 끝이 어떻게 끝날지 몰라 조금은 두려웠다. 어느새 시골 마을의 한적한 불빛 하나둘도 사라지고, 길 양옆으론 사람 키를 훌쩍 넘기는 나무들이 우거져 있었다. 어두운 길에 나무들의 잎사귀가 하늘마저 가려 달빛 조각조차 내 시야에 허락하지 않았다. 거친 바람들이 나무 기둥 사이를 훑고 나에게까지 도달했을 땐, 이미 땀으로 젖어비린 온몸도 식어 갔다.

한 시간을 더 걸었을까, 길 오른편으로 큰 샛길이 하나 있었고 오랜만에 두 눈에 들어온 달빛이 큰 건물 두어 채를 비추고 있었다. 실루엣으로 보아 사람이 사는 주택은 아니었지만, 길바닥에서 자는 것보다 낫겠다 싶어 그대로 건물 가까이 다가갔다. 단단한 시멘트벽이 손길에 닿는 것마저 왠지 모를 안정감을 주었다. 주변을 돌아보니 벽과 벽 사이에 바람이

덜 부는 공간도 찾을 수 있었다. 건물 뒤편에는 물이 나오는 수돗가도 있었다. 농담 삼아 '여기 귀신 나오는 거 아니야?'라고 내뱉어 보았지만, 그런 말장난에도 웃기 힘든 고달픈 밤이었다. 며칠째 그래왔듯이 건물 옆 바닥 한구석에 침낭을 펴고 몸을 누이는 것은 어렵지 않았다.

다음 날 아침, 기지개와 함께 뻐근한 몸을 일으켜 세우며 눈을 비볐다. 딱딱한 바닥으로부터 간신히 몸을 떼고 일어서 몇 발자국 걸음을 옮겼을 때, 가늘게 뜬 두 눈에 들어온 것은 평화롭고 거대한 다이센의 모습이었다. 분명 가까이 있진 않았지만, 멀지 않게 느껴지는 공간이 한 폭의 미술 작품 같은 장면이었다.
어두운 밤길로의 발걸음은 잘못된 선택이라 느꼈었지만, 다이센을 배경으로 한 고요한 아침은 자연이 만들어낸 작품을 감상하게 해주었다. 그 어느 예술에서도 느끼기 힘든 감동을 맛보았다.

몇 번의 경험 뒤에 알게 되었다. 길을 잃고 헤매던 다음날, 그 끝이 더 좋을 수 있다는 것을 말이다.

負けないで(마케나이데)

자동차 한 대가 쌩- 하고 지나치더니 비상등을 켜고 갓길에 차를 대었다. 아홉 번째 히치하이크였다. 50세 정도로 보이는 스즈키 상은 구라요시 근처를 지나던 길에 배낭 메고 걷고 있던 우리를 태워주었다. 그날 저녁 도착을 목표로 한 돗토리현 요나고시까지는 이제 10km 정도 남짓 남은 거리였다.

이전 일본인들과의 만남처럼 짧은 영어와 손짓, 표정들로 겨우 몇 마디 나누던 그때, 스즈키 상이 CD 한 장을 플레이시켰다. 자신이 좋아한다는 가수의 음악을 들려주었다. 자드Zard라는 여성 가수의 음악이었다. 자드는 한때 큰 인기를 누렸던 일본의 여성 가수였다. 하지만, 안타깝게도 일찍 요절하고 지금은 세상에 없는 그녀였다.

자동차 스피커를 통해 흘러나오는 노래는 '負けないで'(마케나이데)라는 곡이었다. 처음 듣는 곡이었지만, 흥얼거리며 따라 부르기 쉬운 곡이었다. 그래서인지 10여km를 차로 이동하는 동안 '마케나이데'라는 한 마디의 가사와 멜로디가 기억에 선명하게 남았다.

스즈키 상이 요나고 역에 내려준 이후 기온이 32~34도를 오르내리는 이틀간 다이센을 오르기 시작하였다. 1700여 미터의 다이센 정상을 역에서부터 걸어서 올랐다. 등산로 입구까지 만 하루를 걸었고, 거기서 또 반나절을 정상까지 왕복하였다. 미친 듯이 남은 힘을 쏟아 걸었다고 해도 과언이 아니었다. 마지막 여정 내내 스즈키 상의 차에서 들었던 노래 가사의 한 마디가 머리와 입에서 맴돌았다.

"마케나이데~ 따라~라라라~"
힘든 일을 할 때 부르는 노동요처럼 그냥 그렇게 흥얼거렸다. '마케나이데'라는 가사 뒤의 발음은 정확히 몰랐지만, 그 다섯 글자를 읊는 것만으로도 노래 전체를 알고 있는 기분이었고, 그것만으로도 잠깐이나마 힘을 낼 수 있었다.

다이센을 내려와 10일간의 무전여행이 완전히 끝났다. 다시 집으로 돌아올 때까지 이상하게도 자드의 노래가 계속 떠올랐다. 길을 걷다가도 나도 모르게 그 노래의 한 구절을 계속 흥얼거리기 시작했다. 집에 돌아와 그녀의 노래 '마케나이데'를 발음 그대로 한글로 섬색해 보았다. 모니터 한쪽에 검색된 내용으로 이렇게 쓰여 있었다.

마케나이데. 負けないで, 지지 마세요
우연히 흘러나온 그 노랫말이, 알지 못할 마법의 주문처럼 어느 것에도 지지 않고 이겨내게끔 여행의 끝까지 힘을 내게 해준 것 같았다.

모래의 여자

여행은 나에겐 아무런 관계도, 큰 의미도 없었던 것에서 시작이 되었다. 친구가 자기가 읽고 있던 책 얘기를 하며 그곳 배경을 설명하는 것이었다. 아베코보의 〈모래의 여자〉라는 책이었다. 책의 배경은 모래로 둘러싸인 언덕이 있고, 모래로 덮인 마을에 관한 이야기였다. 책 내용을 떠나서 배경은 흥미로웠지만, 대충 상상 속에 그려지는 모습은 사막의 느낌이었다. 그래서 나는 그곳이 중동의 어디쯤 이야기일 것이라 여기고 넘겨버렸다. 그런데 알고 보니 그 이야기의 배경은 멀지 않은 이웃 나라 일본인 것이었다. 갑자기 불러일으킨 호기심은 여행을 결심하게 하였고, 〈모래의 여자〉의 배경이 된 바다 건너의 일본 돗토리 사구까지 여정을 친구와 나는 함께 하기로 했다.

한 권의 책이 툭 하고 던진 호기심이 사람을 어떤 길로 이끌지 모를 일이다. 제목이 너무나 끌려서, 책 안의 한 구절이 내 심장을 뛰게 해서, 사진 하나 또는 그림 하나가 나의 감성을 자극하여서 일수도 있다.

아베코보의 〈모래의 여자〉가 그랬다. '모래', '여자', '돗토리', '사구', '아
베코보' 눈에 보이는 나열된 소소한 정보에서 느껴지는 호기심이 나의
첫 일본 여행을 이끌었다.

아베코보가 쓴 〈모래의 여자〉 그리고 책의 배경이라는 돗토리 사구에 이
끌려 계획한 여행은 끝내 뒤돌아보면 이야기와 아무 상관 없는 사람들이
내용의 일치도 없는 이야기를 만들어 갔다.

오늘도 내 눈 앞에 펼쳐진 사물들 속에, 지금의 내 주위를 두리번거리다
보면, 나를 예기치 못한 곳으로 이끌 무언가가 존재할 것이다. 현실감 없
는 선택으로 지금의 나와 다른 세상으로 뛰어드는 것이야말로 여행의 가
장 큰 매력이 아닐지 모르겠다.

여행은 언제나 옳다

펴낸날	초판1쇄 인쇄 2017년 12월 12일
	초판1쇄 발행 2017년 12월 20일
지은이	이윤아, 김대영, 심주영, 서지원,
	이은영, 박민우, 정수현, 강문규
펴낸이	최병윤
펴낸곳	알비
출판등록	2013년 7월 24일 제315-2013-000042호
주소	서울시 강서구 화곡로 58길 51, 301호
전화	02-334-4045
팩스	02-334-4046
이메일	sbdori@naver.com
종이	일문지업
인쇄	한길프린테크
제본	광우제책

ⓒ여작일

ISBN	979-11-86173-41-1 13980
가격	13,000원

「이 도서의 국립중앙도서관 출판예정도서목록(CIP)은 서지정보유통지원시스템 홈페이지(http://seoji.nl.go.kr)와 국가자료공동목록시스템(http://www.nl.go.kr/kolisnet)에서 이용하실 수 있습니다.(CIP제어번호: CIP2017034202)」